DE LA CONSOMMATION

DES

VINS DE FRANCE

EN ANGLETERRE.

⫸❖⫷

BORDEAUX,

IMPRIMERIE DE TH. LAFARGUE, LIBRAIRE,

Rue Puits de Bague-Cap, 8

1843.

DE LA CONSOMMATION

DES

VINS DE FRANCE

EN ANGLETERRE.

BORDEAUX,

IMPRIMERIE DE TH. LAFARGUE, LIBRAIRE,

Rue Puits de Bagne-Cap, 8

1843.

1844

©

DE LA CONSOMMATION

DES

VINS DE FRANCE

EN ANGLETERRE.

————o⟨☉⟩o————

Dans l'intérêt de la liberté commerciale, dans celui des
vinicoles de la Gironde, il est d'une haute importance de
détruire de graves erreurs accréditées, faute d'examen, au
sujet des expéditions des vins de France pour l'Angleterre.

Il sera facile de rétablir, d'une manière péremptoire, la
vérité des faits. Cette vérité gagnera à être bien connue ;
elle aura, nous l'espérons du moins, occasion de se mani-
fester dans le cours des débats de la session qui va s'ouvrir.

Dans une discussion remarquable qui eut lieu, durant la
dernière session, à la Chambre des Pairs, à l'égard de diverses pétitions où était retracé l'état de souffrance des pays de
vignobles, un honorable Pair, dont l'autorité est justement
considérée, M. Ferrier, chargé des fonctions de rapporteur,
avança que ce serait sans succès que les vinicoles voudraient
chercher quelque soulagement à leurs souffrances au moyen
de traités de commerce qui abaisseraient les droits énormes
dont les vins de France sont frappés à l'étranger. (Voir le
Moniteur du 1.er Juin 1843).

« Quelques concessions que la France fît à l'étranger, di-
» sait le noble Pair, elle n'en retirerait que peu de fruit ;
» c'est un problème que le traité de 1786 a complétement
» résolu.

« L'exportation moyenne de nos vins en Angleterre, du-
» rant les années 1822-1824, fut de 37,800 hectolitres,
» sous un droit de 3 fr. 73 par litre ; le droit fut réduit de
» moitié, il ne fut plus que de 1 fr. 99 ; nos expéditions di-
» minuèrent bientôt, puisque la moyenne annuelle, qui
» avait été de 44,800 hectolitres en 1825-1827, tomba à
» 36,800 hectolitres en 1828-1830 ».

M. Ferrier ajouta, qu'après le nouveau dégrèvement dans
le tarif Anglais en 1831, les expéditions avaient encore diminué et qu'elles étaient restées, de 1831 à 1841, au des-
sous de ce qu'elles avaient été de 1822 à 1830.

Ces calculs apportés à la tribune du Luxembourg, firent
impression sur la Chambre ; M. Persil, M. Gautier, M. Vien-
net, M. le duc Decazes prirent, en faveur des vinicoles, la
parole dans cette discussion ; ils ne renversèrent pas les chiffres du rapporteur. Ces calculs ont été plusieurs fois repro-
duits depuis, d'un air de triomphe, par les adversaires d'un
traité de commerce avec la Grande-Bretagne, ils ont été
adoptés de confiance par quelques défenseurs de l'industrie
vinicole, qui se sont inutilement évertués à chercher la
cause d'un résultat aussi imprévu.

Nous allons prouver de la manière la plus positive que M.
Ferrier est loin d'avoir examiné les documents qui tranchent
la question et qu'il a, de bonne foi sans doute, mais d'une
façon très-fâcheuse pour nous, avancé les assertions les plus
erronées. L'état réel des choses est facile à constater ; loin
de justifier les principes des partisans du système prohibitif,
il est au contraire bien fait pour les confondre.

Examinons successivement ce qui concerne la période 1820 à 1831, celle de 1831 à 1841 ; nous reviendrons ensuite sur le traité de 1786.

I.

Lorsqu'on met des chiffres en avant, il faut être à même d'en établir l'authenticité.

Tous les ans, les relevés des importations des recettes des douanes en Angleterre, imprimés en grand détail sont placés sous les yeux du Parlement. Ce sont des documents dont le témoignage est irrécusable, et l'on accordera que les Anglais savent mieux que personne ce qui se passe chez eux. Tous les dix ans, ces relevés sont résumés en tableaux destinés à en présenter les résultats.

M. le Ministre du commerce et des travaux publics a jugé, avec raison, convenable de faire traduire et publier ce tableau décennal *du revenu, de la population, du commerce, etc., du Royaume-Uni.* Un volume in-4° de 270 pages, sorti, en 1833, des presses de l'Imprimerie Royale, se rapporte à la période 1820-1831.

Il présente à la page 132 le relevé suivant :

VINS DE FRANCE.

	IMPORTATION.		CONSOMMATION.	
1820	239,566	gallons,	164,292	gallons
1821	240,146	»	159,462	»
1822	269,353	»	168,732	»
1823	329,509	»	171,684	»
1824	276,105	»	187,447	»
1825	1,083,538	»	625,579	»
1826	489,657	»	343,707	»
1827	384,208	»	311,289	»
1828	550,949	»	421,469	»
1829	498,320	»	365,336	»
1830	352.136	»	308,294	»
1831	351,102	»	254,366	»

Le gallon est égal à 4 litres, 543/1000.

Il résulte de cet état, que l'importation en Angleterre de vins de France, au lieu d'avoir été, en 1828-30, inférieure à ce qu'elle était avant 1825, ainsi qu'on l'a affirmé, offre au contraire, une augmentation de près de QUATRE-VINGT POUR CENT sur ce qu'elle a été durant les cinq années antérieures à la réduction du droit. En prenant l'année où s'opéra cette réduction et les deux suivantes, la moyenne de cette exportation se trouve avoir progressé dans la proportion de 2 1|2 à 1.

Pour ne laisser aucun doute à cet égard, pour établir plus clair que le jour l'exactitude des faits, donnons, réduites en mesures françaises, les importations en Angleterre des deux périodes qu'a comparées M. Ferrier :

1822...............	1,233,670 litres.
1823............	1,496,959
1824............	1,254,345
1828............	2,502,961
1828............	2,233,557
1830............	1,599,755

L'importation de 1828-30 offre ainsi une augmentation de 23,613 hectolitres sur celles de 1822 à 1824.

La consommation britannique a suivi le même mouvement ascensionnel que l'importation. Les deux faits se prêtent un mutuel appui. En voici la preuve :

Consommation de vins de France, d'après les états présentés au Parlement et résumés ci-dessus :

1820-1824	851,617 gallons.	Moyenne annuelle	170,323 gallons.
1825-1827	1,280,575 —	—	426,858 —
1828-1830	995.099 —	—	365,033 —

Il en résulte un accroissement dans la consommation de *deux cent cinquante pour cent* en 1825-27, et de *deux cent*

dix pour cent en 1828-30 , comparativement à ce qu'elle
était avant la rèduction du droit.

Cet accroissement dans la consommation était essentiel à
constater. L'on a prétendu que beaucoup de vins avaient été
envoyés en Angleterre lors de l'abaissement du tarif, et qu'ils
n'avaient pu y trouver d'emploi. Les chiffres que nous donnons font justice de cette erreur.

N'oublions pas une circonstance notable :

Le produit des droits sur les vins de France , sous l'empire
du tarif qui les frappait de 13 shellings 9 deniers par gallon ,
est monté, durant les années 1820-24 , à 599,888 liv. st.;
soit 119,977 liv. st. par an , terme moyen.

De 1825 à 1830 inclusivement , les vins, ne payant plus
que 7 sh. 2 d. et demi en 1825 , et 7 sh. 2 den. en 1826 ,
et années suivantes , ont rapporté 816,139 liv. de droits;
soit 136,023 liv. st. année moyenne.

En présence d'une rèduction de près de 50 pour cent sur
la quotité du droit , voici un accroissement de 13 et demi
pour cent environ sur les recettes de la douane.

On voit combien tous ces calculs s'enchaînent et se prêtent
un mutuel appui.

L'abaissement du droit fut donc profitable :

1.º Au trésor britannique ; il regagna, et au-delà, ce qu'il
était menacé de perdre.

2.º Au consommateur anglais ; il obtint une économie
considérable sur le prix d'une boisson jusqu'alors presqu'inac-
cessible pour lui.

3.º Au producteur français; il n'avait livré à la consommation des Trois Royaumes que 851,617 gallons(3,868,855
litres) de 1820 à 1824 , et il fournit 1,375,874 gallons de
1825 à 1830. Ce surcroît de 58,989 gallons, ou de 267,987
litres, dans la moyenne annuelle de la consommation , après
l'abaissement du droit, représente, pour les six années qui
qui suivi 1824 , une masse de 16,080 hectolitres.

Je crois avoir prouvé que la réduction de droit amena sur le mouvement des vins un résultat tout opposé à celui qu'a signalé le noble Pair. Un mot maintenant d'explication pour les personnes qui s'étonneraient de ce qu'après tout, une réduction aussi sensible n'ait pas produit des résultats plus avantageux pour les vinicoles de la France.

La raison en est bien simple : l'Angleterre diminua simul- tanément les droits sur les autres vins. Ceux du Cap ne payè- rent plus que 2 sh. 5 au lieu de 3, 0, 1/2, ceux d'Espagne et de Portugal 4 sh. 10 au lieu de 9 sh. 1. 1/4. Il y avait donc 2 sh. 5 d. de surtaxe sur les vins de France au profit de ceux de la Péninsule ; soit 1 fr. 25 c. par litre en faveur de vins déjà en possession du marché, grâce à des habitudes créées de longue date.

L'importation des vins autres que les nôtres augmenta ra- pidement ; en voici un aperçu :

Importations.	1820-24.	Moyenne.	1825-30.	Moyenne.
Vins du Cap,	2,752,595	550,519	3,766,794	627,790 gallons.
— de Portugal,	12,084,734	2,416,647	19,115,312	3,185,885 —
— d'Espagne,	5,158,640	1,031,788	11,505,099	1,917,516 —

Enfin, la consommation en vins de toute espèce fut de 23,755,520 gallons dans la période de 1820-24 ; moyenne : 4,751,104 gallons. Elle arriva au chiffre de 40,708,819 gallons dans la période de 1825-30; moyenne : 6,784,703 gallons.

II.

Passons à ce qui concerne les années qui ont suivi 1831.

Les quantités de nos vins importées dans la Grande-Breta- gne et celles qui ont acquitté les droits, sont énoncées dans les *Avis divers* publiés par le Ministère du Commerce et dans le *Bulletin* de ce même Ministère, cahier d'Avril 1841 et d'Avril 1842.

En voici le relevé :

	IMPORTATION.		CONSOMMATION.
1832	298,293	gallons,	228,627.
1833	265,284	»	232,550.
1834	421,076	»	260,630.
1835	405,703	»	271,661.
1836	519,809	»	352,063.
1837	691,394	»	440,322.
1838	516,955	»	436,866.
1839	485,556	»	399,659.
1840	570,195	»	362,716.
1841	465,262	»	376,360.

La consommation, après être restée affaiblie durant cinq ans, a commencé à reprendre en 1836, et durant l'année la plus défavorable de cette période de 1831 à 1841, la consommation s'est montrée de 41,187 gallons (c'est-à-dire de 23 pour cent) supérieure à l'année la plus *favorable* (1824) de la période de 1821 à 1824. Les cinq années 1837-41 présentent un total de 2,014,923 gallons de vins de France consommés en Angleterre, tandis que les années 1827-1831 n'offrent qu'un total de 1,660,753 gallons.

En présence de faits aussi concluants et établis d'une façon aussi authentique, l'intérêt vinicole a lieu de croire que le dégrèvement obtenu il y a douze ans ne lui a pas été aussi funeste qu'on a bien voulu le proclamer.

La réduction du droit à 5 sh. 6 (1 fr. 52 c. par litre, votée en 1831, fut suivie d'une baisse considérable dans la consommation, mais ceci tient à des causes tout exceptionnelles, ainsi que l'a fait remarquer, lors de l'enquête ouverte devant le Parlement, un des économistes les plus actifs et les plus intelligens de l'Angleterre, le docteur Bowring. Ce fut justement cette même année que l'invasion du choléra vint porter un coup funeste à la consommation. Les états officiels accusent une réduction sensible sur l'acquittement des vins de toutes espèces : les vins du Cap, par exemple, dont il s'était consommé, quatre ans avant, 698,000 gallons, tombèrent à 514,000 en 1832. Au lieu de 400,479 gallons de vins de Madère consommés en 1821, on en but seulement 159,000 en 1832, et toutefois le droit avait été abaissé de 9 sh. 3 1/2 à 5 sh. 6. Les vins de France ne furent pas les plus maltraités. Qu'on n'oublie pas, d'ailleurs, que le dégrèvement de 1825 avait porté sur les vins de toute provenance ; il eut pour résultat d'augmenter la consommation générale, puisque de 1821 à 1824 elle n'avait, en aucune année, dépassé 4,850,000 gallons, tandis que de 1825 à 1831, l'année la plus faible a excédé 6 millions, et qu'il y en a eu de 7 et de 8 millions. Résultats donnés par la *consommation*, entendez-le bien ; il ne s'agit point d'une importation exagérée qui n'aboutit qu'à encombrer les entrepôts d'une marchandise avilie, invendue, invendable.

Il faut en convenir ; toutefois la réduction sur la taxe était insuffisante pour mettre nos vins à même de pénétrer chez les classes moyennes de la Grande-Bretagne, et pour leur ouvrir ainsi un large débouché.

Néanmoins, lorsque la disparition d'une épidémie meurtrière a permis aux affaires de reprendre leur cours normal, les quantités de vin de France qui ont payé dans la Grande-Bretagne les droits de consommation ont été :

En 1836-1837	792,385 gallons;	3,597,428 litres.
En 1838-1839	826,585 »	3,752,423 »
En 1840-1841	739,076 »	3,355,405 »

Pendant onze ans, de 1820 à 1830, le total de la consommation britannique, en vins de toutes provenances, est monté au chiffre de 64,464,339 gallons (2,926,663 hectol.) dont 3,227,301 gallons (146,419 hectol.) vins de France.

Et durant les onze années suivantes (1831-41) il est arrivé à 71,932,765 gallons (3,265,744 hectol.) dont 3,615,822 gallons (16,415 hectol.) vins de France.

Les vins français entrent donc pour un vingtième dans la consommation totale des Trois-Royaumes, et durant les vingt-deux années dont nous présentons les résultats, cette proportion n'a point varié.

En consultant les tableaux soumis au Parlement, traduits et imprimés à Paris, en faisant une simple addition, chacun peut se convaincre que la moyenne de la consommation annuelle était :

En 1820-1824 de.......... 169,800 gallons (770,900 litres.)
En qu'en 1836-1841 elle a été de 395,160   (1,789,500).

Augmentation *deux cent trente-deux pour cent.*

On a prétendu qu'en 1841 la France a envoyé moins de vins en Angleterre qu'en 1824. Nous répondrons qu'en 1824 la consommation britanique est portée au compte-rendu des douanes pour.... .... 187,417 gallons.
Et en 1841 pour.......... 376,360.   »

III.

Nous avons dû rechercher les causes qui ont pu amener des hommes sérieux à tomber dans des erreurs aussi palpaque celles que nous avons relevées; nous croyons les avoir découvertes.

On a dit qu'après deux dégrèvements successifs, les exportations des vins de la France pour l'Angleterre avaient diminué. On en a conclu que tout dégrèvement serait inefficace, que le goût des populations avait changé, que la Grande-Bretagne nous prenait moins de vins depuis qu'ils payaient 1,386 fr. 25 cent. par tonneau, au lieu de 1,851 fr. 35 c. et de 3,520 fr. 30 c. On a donné à entendre qu'une nouvelle réduction serait funeste, et que d'avance elle était condamnée par l'expérience.

D'où proviennent des assertions aussi diamètralement contraires à la réalité des choses? de ce qu'on a comparé des an-nées isolées, 1824 avec 1841, tandis qu'en bonne statisti-que commerciale, il faut toujours avoir égard aux résultats moyens de plusieurs années consécutives.

On n'a pas recherché les chiffres officiels de la consomma-tion anglaise, ceux qui tranchent la question; on n'a pas tenu compte de la réexportation d'une forte partie des vins qui vont, de nos ports, dans ceux des Trois-Royaumes, et qui, de là, se dirigent vers les Antilles, vers le Canada, vers ces rades innombrables où flotte le pavillon britan-nique.

De 1820 à 1824 cette réexportation n'a pas été moindre de 524.259 gallons.

Et de 1825 à 1831, elle a présenté un chiffre de 852,393 gallons.

Elle s'est trouvée réduite en 1839-40-41 à 409,115 gal-lons.

En 1823 et en 1824 les envois de vins autres que ceux de la Gironde acquirent subitement un développement con-sidérable ; mais cet accroissement trouva successivement son emploi dans la réexportation, les consommateurs britanni-ques y demeurèrent à peu-près étrangers.

Consultons d'ailleurs les tableaux du commerce extérieur de la France publiés par l'administration des Douanes.

Voici ce qu'ils nous apprennent :

De 1821 à 1824 inclusivement, il fut expédié pour l'An-gleterre 4,326,630 litres vins de la Gironde, tant en futail-les qu'en bouteilles. Moyenne annuelle, 1,081,657 litres.

En 1825-27, les expéditions s'élevèrent à 6,282,418 litr. Moyenne annuelle, 2,094,139 litres.

Enfin, de 1828 à 1830, elles présentèrent un total de 5,947,873 litres. Moyenne annuelle, 1,982,624 litres.

Ainsi, pour les six années durant lesquelles le droit de 7 sh. 3 d. par gallon (2 fr. 03 c. par litre) fut en vigueur, les exportations de la Gironde présentent un accroissement notable sur les années soumises au droit de 13 sh. 9 d. (3 fr. 86 c.).

Les chiffres de 1821, de 1822, de 1823 avaient été 1,279,575 ; 1,033,801 et 1,238,596 litres.

> 1824 n'avait pas dépassé 719,658 litres.
> 1825 est arrivé à........... 3,377,000
> 1828 —   à......... 2,328,000
> 1829 —   à......... 2,006,000
> 1826 —   à......... 1,786,000
> 1830 —   à......... 1,612,000

Il reste établi que le premier dégrèvement amena un surcroît d'activité notable dans les expéditions bordelaises.

Des résultats analogues à ceux que nous avons fait connaître peuvent se constater sur les expéditions de vins autres que ceux de la Gironde.

Elles s'étaient élevées, en 1821 et 1822, à un total de 3,408,613 lit. Elles ont offert, en 1840 et 1841, celui de............ 4,252.536 »

Les expéditions sont d'ailleurs soumises par l'effet du plus ou moins d'abondance ou de réussite des récoltes à de continuelles variations qui, d'une année à l'autre, dépassent parfois 60 p. 100.

IV.

Est-il vrai, ainsi qu'on l'a avancé d'une façon si tranchante, que la réduction de droits sur les vins, stipulée par le traité de 1786, ait prouvé l'inefficacité d'une pareille mesure ?

Nous avons la preuve du contraire.

Ce n'est pas ici le lieu de rechercher, une à une, quelles furent les conséquences de ce traité de 1786 , sur lequel il existe aujourd'hui , même parmi les gens d'étude , si peu de notions positives ; nous donnerons seulement une preuve bien palpable qu'il ne fut pas aussi funeste à notre pays que l'affirment les adversaires de la liberté commerciale ; le Tiers-État était puissant au sein de l'Assemblée constituante, le commerce et l'industrie pouvaient chaque jour y exposer leurs réclamations ; jamais l'Assemblée n'eut à s'occuper des fâcheuses conséquences du traité, et cependant il lui fut offert une occasion solennelle de discuter , de modifier les clauses de nos conventions mercantiles avec la Grande-Bretagne ; elle revisa le tarif entier des douanes. Remarquons en passant que le nouveau tarif adopté en 1791 reposait sur des principes tout autrement favorables au mouvement des échanges que ceux qui nous régissent aujourd'hui. Il exemptait de tout droit les bestiaux , les céréales, les cotons, les cuirs , les laines , les chanvres , les lins , les charbons , la fonte de fer , importés par mer ; il frappait le fer d'un droit de 2 fr. par 100 kil. et le sucre de 9 fr.

Nous ne reviendrons pas sur ce qui a déjà été dit plus d'une fois. En 1669 , l'Angleterre consommait 45,000 tonneaux, dont 20,000 vin de France, et ce ne fut qu'en 1693 qu'une surtaxe de 8 livres sterl., portée à 25 liv. en 1697 , développa , au détriment de la France , l'usage des vins de la Péninsule.

En 1780 et 1781 , la moyenne de la consommation de nos vins fut de 377 tonneaux. (Voir les documents officiels publiés à Londres en 1835).

En 1782-85 , elle fut de 414 tonneaux.

En 1786-94 , elle atteignit le chiffre de 1,263 tonneaux.

Le droit qui était de 7 sh. 10 d. (2 fr. 17 par litre) avait été réduit à 4 sh. 0, 1/2 (3 fr. 33 c.), et la consommation avait triplé (1).

Elle aurait à coup sûr augmenté bien davantage si , tout en accordant ce dégrèvement, les Anglais n'avaient en même temps réduit le droit sur les vins de Portugal de 3 sh. 11 d. à 2 sh. 7, 1/4 (71 c.). Il en résultait sur les crûs de France une surtaxe de 62 centimes par litre.

Dans la période de 1782-1785, la moyenne de la consommation de vins de Portugal avait été de.......... 10,865 T.[1]

Elle arriva, en 1786-1794, au chiffre de.. 19,508 —

Ce fut à la suite de ce traité que l'usage des vins de France s'éleva en Angleterre à un degré que , depuis , il n'a plus atteint.

Les chiffres vont le prouver.

- - - - - -

(1) *ÉTAT des vins importés dans la Grande-Bretagne et montant du net produit des droits de douanes durant les trois années antérieures et postérieures au traité de 1786.*

Années.	Vins				TOTAL des tonneaux importés.	TOTAL des droits de douane et d'excise.
	de France.	du Portugal.	du Rhin.	d'Espagne.		
1784	435	12,220	126	2,761	15,542	619,523
1785	470	12,698	133	2,831	16,182	642,519
1786	485	12,255	187	3,265	16,192	614,247
1787	1,868	16,619	177	4,314	22,978	644,219
1788	1,445	19,114	138	4,744	25,441	640,906
1789	1,114	22,128	117	4,054	27,413	693,958
1790	1,117	23,911	116	5,037	30,181	804,167

Taux moyen de l'augmentation en tonneaux dans la seconde époque. . . . . 11,393 par an.

En revenus. . . . . 88,555 liv. st. *id.*

Les états de 1786 ont péri dans un incendie, mais :

En 1787 il fut admis au paiement des droits 722,642 gallons.

En 1788	—	—	933,172 —
En 1789	—	—	597,924 —
En 1790	—	—	618,640 —
En 1791	—	—	607,485 —
En 1792	—	—	622,494 —

4,102,457 gallons.

(118,684,694 litres).

Moyenne annuelle, 3,114,000 litres.

Soit 450 p. 100 environ de plus qu'en 1820-1824, et 175 p. 100 de plus qu'en 1836-1841.

La différence est encore bien plus grande si l'on fait entrer en ligne de compte les progrès si considérables de la population et de la richesse britanniques.

Ce mouvement rétrograde s'est manifesté d'une manière toute spéciale en Irlande. Chacun sait que Bordeaux avait autrefois avec cette malheureuse contrée des rapports fort actifs, aujourd'hui détruits. Voici quelles y ont été, durant cinquante ans, les importations de vins d'après les tableaux statistiques que M. César Moreau, consul de France à Londres, a publiés en 1827 :

	VINS DE TOUTES PROVENANCES.	VINS DE FRANCE.
1771-1780	48,031 tonneaux	27,802 tonneaux.
1781-1790	46,831 —	20,883 —
1791-1800	65,615 —	11,605 —
1802-1811	69,427 —	4,876 —
1812-1821	32.231 —	2,960 —

Remarquez, que durant long-temps, les vins supportaient en Irlande des droits bien moins élevés qu'en Angleterre et en Écosse ; cette différence était en 1802 de 4 shellings par gallon (1 fr. 12 par litre), sur les vins de France et de 2 sh. 8 d (76 cent. par litre) sur ceux d'autre provenance. En 1822, elle n'était plus que de 9 deniers (19 centim.) sur les vins de France et de 5 1/2 sur les autres.

Dans l'enquête publiée à Londres en 1835, la consommation de vins en Irlande à diverses périodes triennales, est établie de la façon suivante d'après les documents officiels :

1787-1790 1,117,556 gallons (5,073,704 litres); droit 2 sh. 1 d.
sur les vins du Portugal et 3 1/2 sur les autres.

1817-1820 501,016 gall. (2,274,612 lit) droit 9 sh. 1 1/4 et 13, 8, 1/2

1824-1826 573,776   »   (2,604,943 »)   »   9   1 1/4 et 13, 9.

1827-1830 806,079   »   (3,659,598 »)   »   4   10   et 7, 3.

1831-1832 757,527   «   (3,439,172 »)   »   5   6   sur toutes
provenances.

Pour bien se rendre compte de l'extension qu'aurait pu acquérir dans la Grande-Bretagne, la consommation des vins de France s'ils avaient été affranchis des droits, encore beaucoup trop onéreux, qui les frappent, il faut considérer quel a été le développement, durant vingt-quatre ans, dans l'exportation de divers articles que nous fournissons à nos voisins.

Voici quelques exemples de ce développement. Les chiffres que nous rapprochons sont empruntés au *Bulletin* du Ministère du Commerce, Juillet 1841, page 39.

	1816	1830	1839
Prunes.	6,295	5,951	27,167 quintaux.
Autres fruits.	4,756	7,744	22,237 liv. sterl.
			(valeur).
OEufs	3,485,000.	50,401000.	90,834,000
Garance.	12,588	26,950	71,225 quint.
Soie grège	4,121	821,349	1,018,901 livres.
» en cocons et bourre	»	329,235	568,754 livres.
Soufre..	792	5,863	199,104 quint.
Satin . . . . . . , . .	»	74,723	220,517 livres.
Tissus de laine.	18	61,749	132,719 liv. st.
			(valeur).
Modes..	1,910	17,408	40,616 —
Instrumens de musique..	393	4,939	8,494 —
Horlogerie..	3,095	20,744	45,032 —
Chapeaux de paille. . . .	2	369	11,954 —

Il nous serait facile de prolonger cette énumération, de citer d'autres articles, mais ces indications doivent suffire, et l'on voit combien a été minime la part qu'a eue l'industrie vinicole, dans ce redoublement continuel d'activité commerciale.

Tout récemment l'Angleterre a réduit considérablement ses tarifs de douane. Elle ne prélève plus que 30 p. 100 sur nos soieries, 40 p. 100 sur les objets de modes; les matières colorantes sont très-faiblement frappées; les boissons seules supportent encore des taxes bien lourdes; il est du devoir du Gouvernement Français de chercher à en obtenir l'allégement.

Nos voisins y trouveront d'ailleurs leur compte; l'histoire de leurs finances fourmille de traits qui constatent les heureux effets d'une réduction de droits; nous ne citerons qu'un de ces exemples, il est frappant.

La consommation du café a été :

En 1801 de 750,861 livres; droit 1 sh. 6 d. la livre (4 fr. 15 c. le kil.).

En 1811 de 6,390,122 livres; droit 7 d. la livre (1 fr. 61 cent le kil.).

En 1821 de 7,327,283 livres; droit 1 sh. la livre (2 fr. 76 c. le kil.).

Ce droit fut ensuite réduit à 6 d. (1 fr. 38 c.) et les quantités acquittées sont montées à :

21,842,264 livres en 1831.
24,920,820 livres en 1838.
26,789,945 livres en 1839.
28,708,033 livres en 1840.
28,420,581 livres en 1841.

C'est-à-dire que la consommation est à peu près quadruple de ce qu'elle était avant que le droit ne fût réduit de moitié, et qu'elle est trente-cinq fois plus forte qu'il y a quarante ans.

En 1808 , le droit ayant été élevé à 2 sh. par livre , les recettes de la douane se réduisent à 161,245 liv. st.

En 1839 , au droit de 6 deniers, elles furent de 779,000 livres sterl.

Il y a un an environ, en Juillet 1842, le Gouvernement Anglais a réduit de rechef à 2 d. (46 c. par kil.) le droit sur les cafés des colonies britanniques.

Ce sont des exemples dont les Conseils municipaux qui chargent , taxent et surtaxent à l'envi les boissons , devraient faire leur profit.

V.

Le 26 Mars 1663, le Comte de Comminges, ambassadeur français à Londres , écrivant à Colbert (1) , s'exprimait ainsi en parlant des louis d'or passés en Angleterre : « Si l'acquisition de Dunkerque nous les a ravis, les vins de Gascogne nous les rapporteront » .

Ces mots suffisent pour faire juger quelle était alors l'importance des expéditions de France pour l'Angleterre.

Sans remonter au règne de Louis XIV, sans sortir du dix-huitième siècle, nous allons montrer que depuis cent-vingt , depuis soixante ans, les envois de vins de Bordeaux ont subi la plus énorme des réductions.

Les chiffres que nous donnons ici et qui , à notre connaissance du moins , sont publiés pour la première fois, sont extraits de documents émanés des anciennes administrations financières et déposés aux archives du Royaume ; ils s'accordent, à quelques légères fractions près sans importance, avec

---

(1) Cette lettre se trouve dans les pièces justificatives qui accompagnent le dernier volume du *Diary of S. Pepys* (London , 1828 , 5 vol. in-8.°).

les états de sortie que possède la Chambre de Commerce de
Bordeaux.

Il fut chargé à Bordeaux pour l'Angleterre.

En 1721	5934	tonneaux de vin.
1724	8206	»
1728	7345	»
1729	5355	»
1730	4467	»
1731	6799	»
1732	5356	»
1733	4848	»
1734	5370	»
1735	5495	»
1736	2458	»
1737	5836	»
1738	4509	»
1739	4834	»
1740	2099	»
1741	1729	»
1742	4344	»
1743	4358	»
1744	3108	»

Interrompues un moment par la guerre que termina le
traité d'Aix-la-Chapelle, les expéditions des vins de Bordeaux reprirent une activité nouvelle; elles s'élevèrent :

En 1749	à 6368	tonneaux.
1750	7446	»
1751	3530	»
1752	2572	»
1753	7488	»
1754	6641	»
1755	4155	»

Suspendues de rechef par la guerre de sept ans , contrariées au retour de la paix par une suite de mauvaises récoltes , elles atteignirent en 1765 le chiffre de 7194 tonneaux.

Il existait cependant alors une circonstance qui exerçait une influence fatale sur les expéditions à l'étranger ; les vins étaient frappés , à la sortie , de droits considérables.

Ces droits , compliqués et accumulés, sont minutieusement relatés dans le *Dictionnaire universel de Commerce*, de Savary (édition de 1748, 3 vol. in-folio , t. I, pag. 39) ; leur énumération remplit plusieurs colonnes. Les vins de Bordeaux payaient 17 livres et quelques deniers s'ils étaient chargés sur bâtiments français ; 50 livres s'ils sortaient sous pavillon étranger, ce qui arrivait presque toujours. Les vins de Languedoc payaient au Bureau des Fermes , 18 livres par tonneau lors de leur arrivée , et 5 livres à la ville ; ils payaient de plus, lors de leur chargement, 9 à 11 livres au Bureau des Fermes. Il existait aussi des droits de convoi , de comptablie, de contrôle , ces droits s'élevaient à :

9 l. 10 s. 8 d. sur les vins de Beziers, de Frontignan et de Saint-Macaire ;

17 l.   4 s. 8 d. sur les vins de Gaillac et du Haut-Pays ;

16 l. 19 s. 3 d. sur les vins de ville ou de la Sénéchaussée de Bordeaux.

Des déclarations de 1627, 1638, 1636 avaient ajouté aux droits déjà existants, la somme de 6 livres.

D'autres déclarations de 1638, 1640, y joignirent 6 livres de plus. En 1655 , le tout fut encore augmenté d'une livre.

Malgré des entraves aussi fortes, les envois pour la Grande-Bretagne furent jadis bien supérieurs à ce qu'ils sont aujourd'hui.

Tous ces droits ont disparu : les expéditions auraient dû acquérir un développement immense ; si le gouvernement avait *laissé faire*, avait *laissé passer*, les vignobles du Bordelais seraient devenus des mines plus productives que celles du Mexique.

Un système contraire l'a emporté.

Voici d'après les documents mis au jour par l'administration des Douanes quelles ont été les quantités de vins en cercles expédiés de Bordeaux pour les Trois Royaumes et pour leurs dépendances en Europe (Gibraltar, Malte et les Iles Ioniennes).

1837	»	1281	Tonneaux	(de 912 litres).
1838	»	1044	»	
1839	»	909	»	
1840	»	1151	»	
1841	»	1049	»	
1842	»	1003	»	

Ces chiffres sont assez éloquents par eux-mêmes; il suffit de les exposer; ils dispensent de tout commentaire.

Nous avons rétabli les faits sous leur véritable jour, nous nous sommes appuyés sur des documents d'une authenticité incontestable.

Une fausse politique, un système commercial suranné a tellement entravé la consommation de nos vins en Angleterre, qu'en 1841 elle n'a pas dépassé sept centièmes de litre par habitant.

En sera-t-il longtemps de même ?

Nous avons foi dans les progrès de la raison publique, dans le bon vouloir des gouvernements de l'un et de l'autre côté de la Manche, et nous espérons que les expéditions bordelaises ne resteront pas le cinquième ou le septième de ce qu'elles étaient il y a un siècle.

Novembre 1843.

GUSTAVE BRUNET.

Membre du Comité vinicole de la Gironde.

BORDEAUX.— IMPRIMERIE DE TH. LAFARGUE, LIBRAIRE.